3-4歲

幼兒全方位
智能開發

智力篇

趣味迷宮

園丁文化

做得好！　不錯啊！　仍需加油！

小鴨子找媽媽

小鴨子和媽媽失散了。請畫出正確的路線，帶小鴨子回到媽媽身邊。

難度 ★

答案：

到遊樂場去

露露想到遊樂場去玩耍。請畫出正確的路線，帶露露到遊樂場去。

難度 ★

答案：

消防員出動啦

做得好！ 不錯啊！ 仍需加油！

● 大廈發生火警了！消防員要沿着英文字母 A 至 Z 的順序才能去到火場滅火。請畫出正確的路線，帶消防員到火場去吧。

難度 ★

答案：

動物要回家

不同的動物分別要坐不同的車回家。請根據車上的動物名稱，把動物和正確的車用線連起來。 難度★

答案：

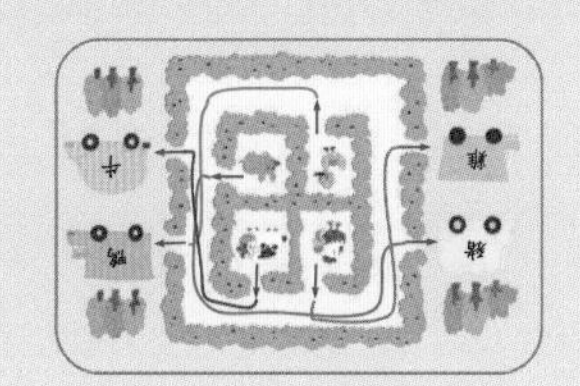

上學去

● 小謙要準時回到學校上課。請畫出正確的路線，帶小謙到學校去。

難度 ★

答案：

小白兔拔紅蘿蔔

做得好！ 不錯啊！ 仍需加油！

● 小白兔要到田裏去拔紅蘿蔔，但牠必須避開路上兇惡的動物。請畫出正確的路線，帶小白兔安全地到達紅蘿蔔田。 難度 ★

答案：

石牆迷宮

做得好！ 不錯啊！ 仍需加油！

小鹿想到河邊去喝水，可是牠被一個石牆迷宮擋住了去路。請畫出正確的路線，帶小鹿到河邊去喝水。 難度

答案：

蝴蝶採花蜜

做得好！ 不錯啊！ 仍需加油！

蝴蝶想飛到花叢裏採花蜜。請畫出正確的路線，帶蝴蝶飛到花叢裏。

難度 ★★

答案：

做得好！ 不錯啊！ 仍需加油！

拾蘋果

嘩，路上有很多蘋果，小美要依蘋果的數量由 1 至 10，順序把蘋果拾起來。請畫出正確的路線。 難度 ★★

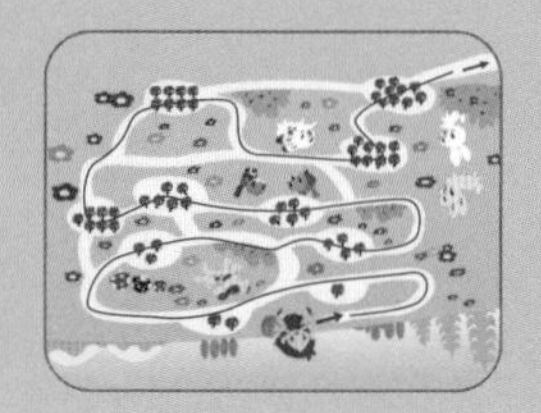

答案：

外套丟失了

做得好！ 不錯啊！ 仍需加油！

嘉嘉行山時不小心把外套丟在樹林裏。請畫出正確的路線，帶嘉嘉找回外套吧。 難度 ★★

答案：

動物喜歡吃什麼

做得好！  不錯啊！  仍需加油！ 

你知道這些動物分別喜歡吃什麼嗎？請沿線連一連便知道了。

答案：

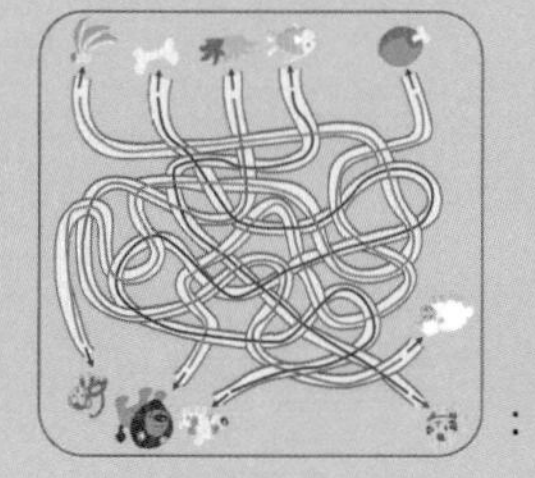

食物迷宮

做得好！ 不錯啊！ 仍需加油！

媽媽要做芒果蛋糕，她請欣欣幫忙採購合適的材料。請根據媽媽的話，在下圖中畫出正確的路線，帶欣欣採購所需的材料吧。 難度★★

尋找寶藏

做得好！ 不錯啊！ 仍需加油！

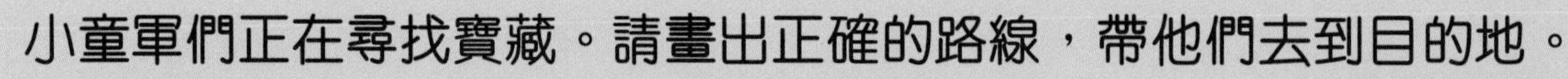
小童軍們正在尋找寶藏。請畫出正確的路線，帶他們去到目的地。

答案：

數水果

做得好！ 不錯啊！ 仍需加油！

● 數一數，每種水果各有多少個？請把相配的數量和數字用線連起來。

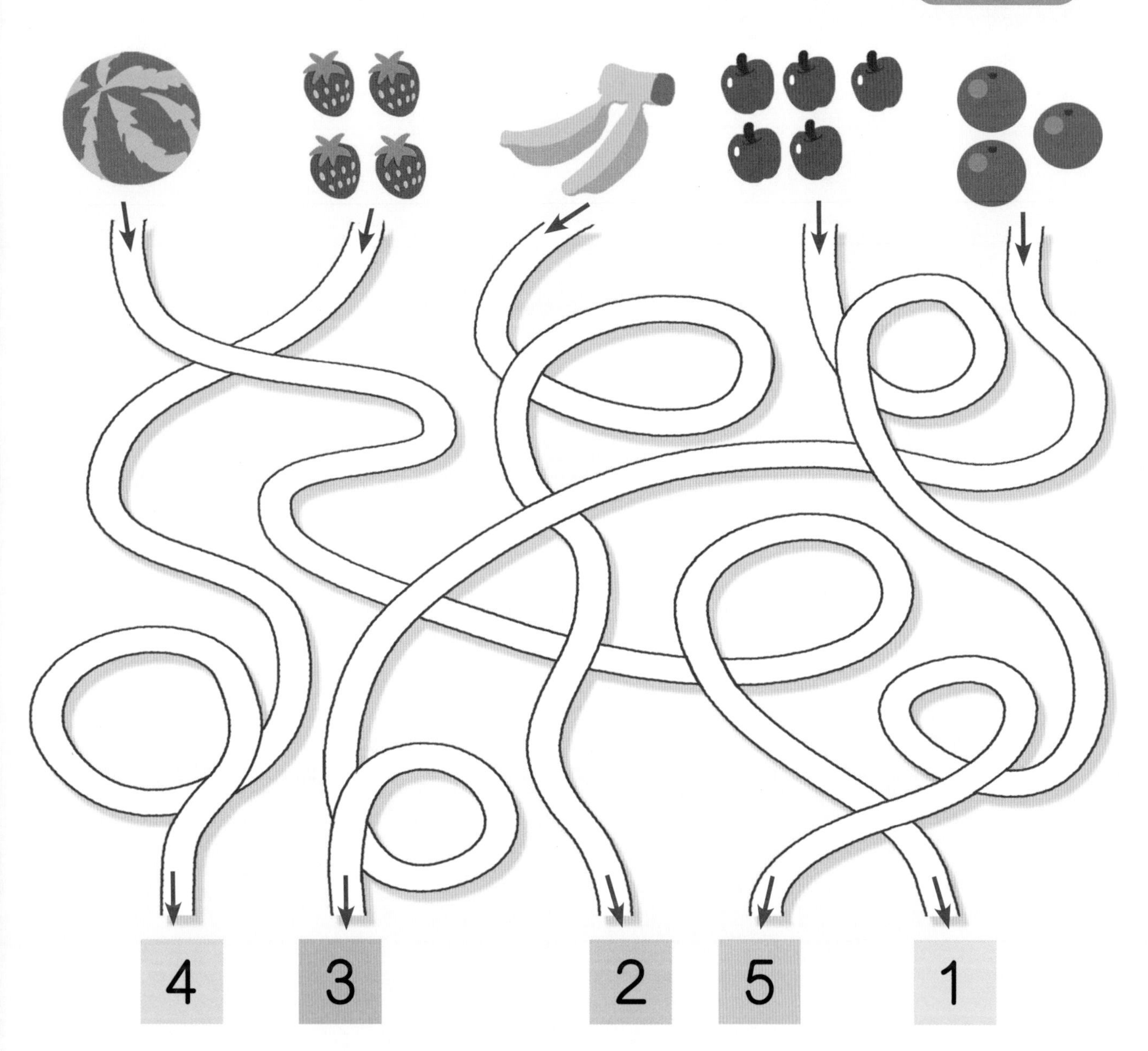

答案：

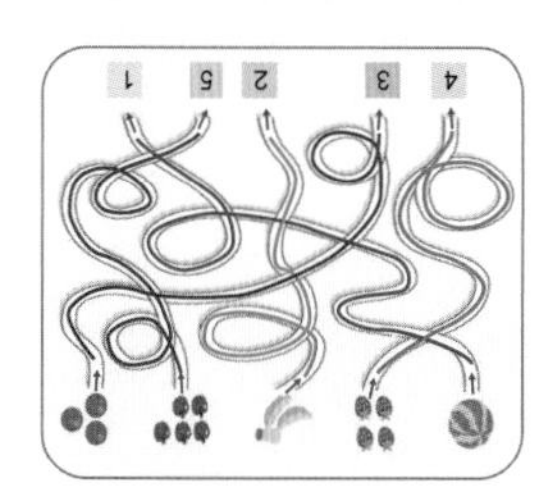

做得好！　不錯啊！　仍需加油！

小雞闖迷宮

- 小雞角角誤闖迷宮，需要跳出特別的舞步才能順利走到出口。下面的舞步中只有一組是正確的，小朋友，請跟着⬇走，找出正確的舞步，帶小雞角角返回媽媽身邊吧。　難度 ★★★★

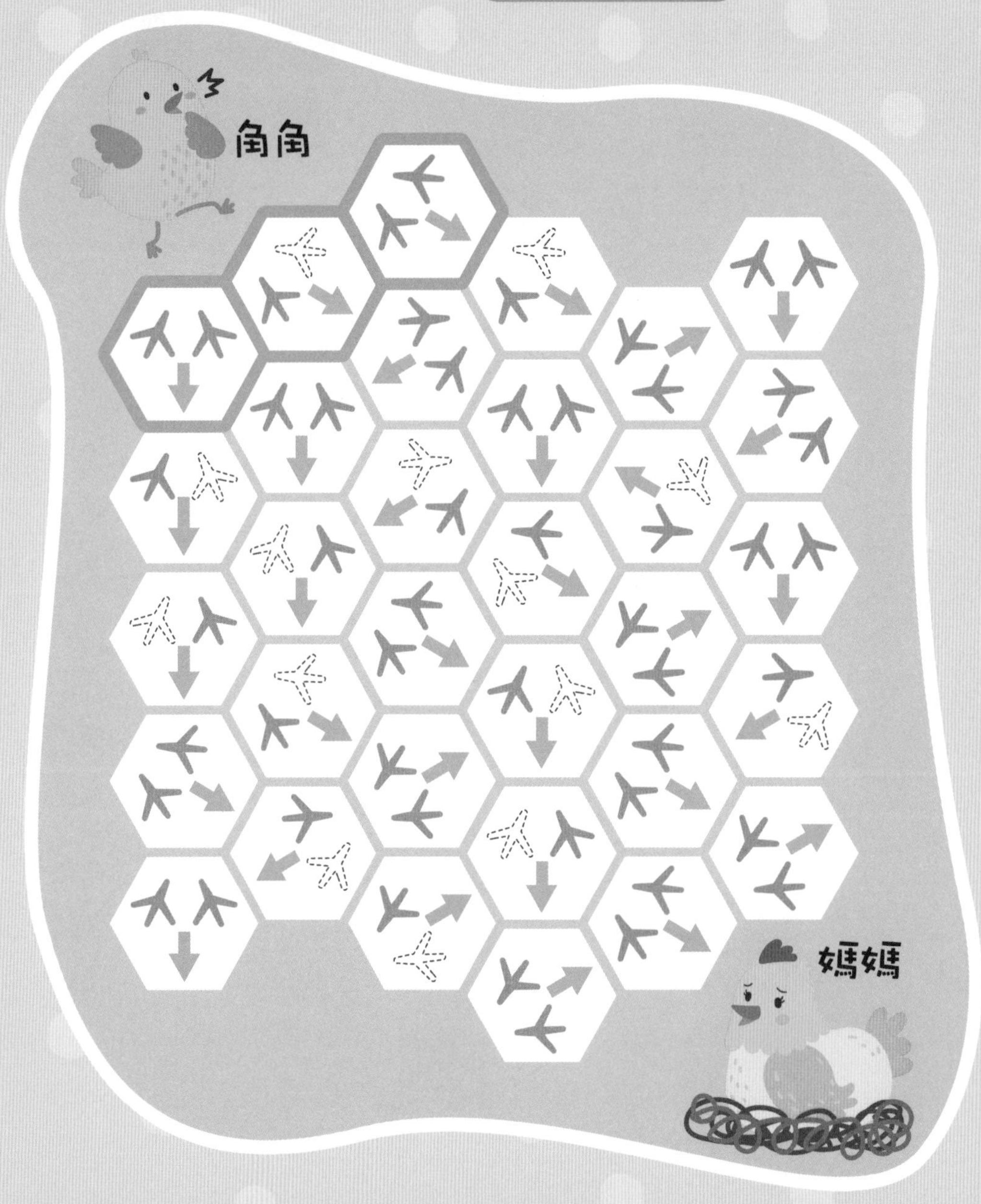

答案：

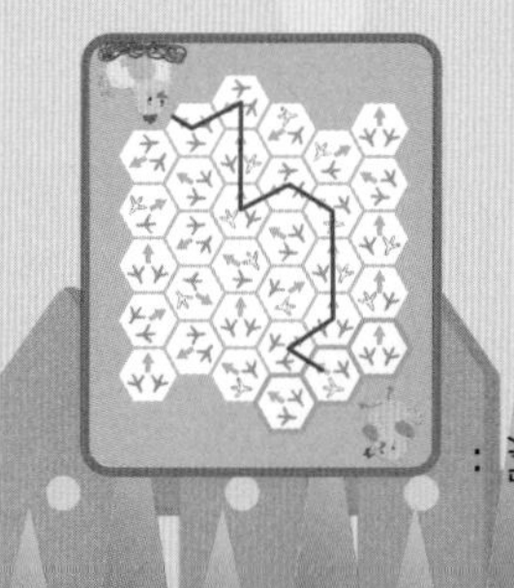

探訪朋友

做得好！ 不錯啊！ 仍需加油！

樂樂想去探望芝芝，但他不知道怎樣去芝芝的家。以下有三條路徑，請你幫助樂樂找出哪一條路徑能去到芝芝的家吧。

難度 ★★★

答案：2

做得好！

不錯啊！

仍需加油！

小老鼠找芝士

- 小老鼠肚子餓了，牠聞到很香的芝士味，但牠不知道芝士在哪裏。請畫出正確的路線，帶小老鼠找到芝士吧。 難度 ★★★

答案：

動物影子

做得好！ 不錯啊！ 仍需加油！

● 你知道這是什麼動物的影子嗎？請沿線連一連，幫動物找回牠們的影子吧。 難度 ★★★

做得好！ 不錯啊！ 仍需加油！

小海龜找媽媽

- 小海龜要去大海找媽媽。請依數字 1-20 的順序，把數字填上顏色，帶小海龜找到媽媽吧。 難度 ★★★

1	3	4	5	15	16	17	19	20
→1	5	6	7	14	17	13	14	15
2	3	5	8	13	11	12	18	16
6	4	2	9	9	10	18	19	17
7	5	6	7	8	12	19	17	18
10	9	8	17	18	19	20	10	19
12	13	14	16	15	17	18	11	20↓

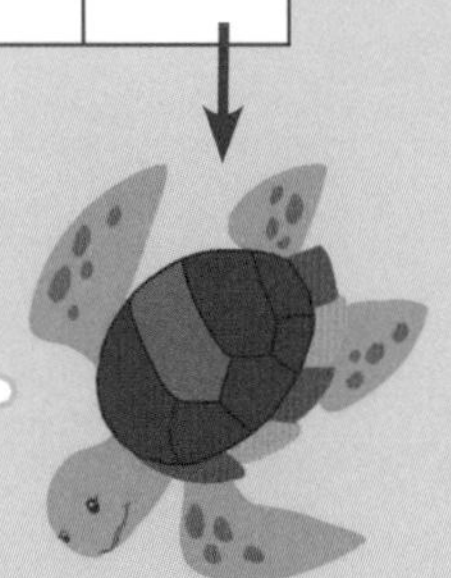

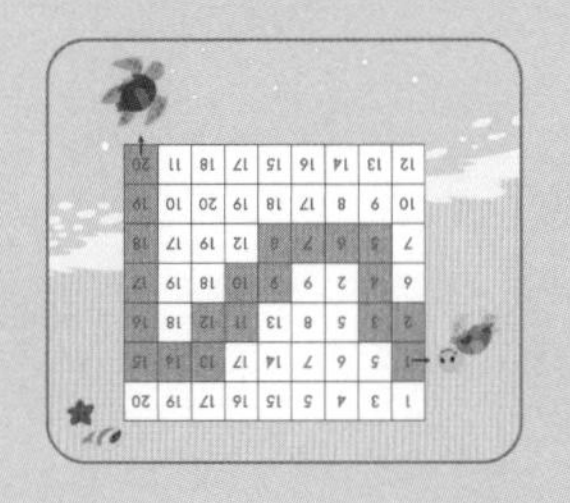

答案：

去露營

做得好！ 不錯啊！ 仍需加油！

小陶一家想去露營，可是他們迷路了。請畫出正確的路線，帶他們到營地去。 難度 ★★★

答案：

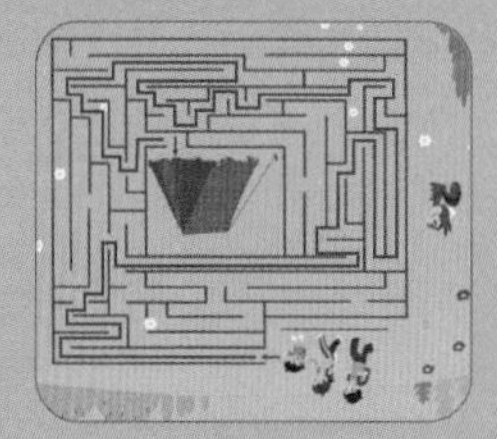

小松鼠找橡果

做得好！ 不錯啊！ 仍需加油！

小松鼠要沿着雙數數字的格子走，才能找到橡果。請把雙數數字的格子填上顏色，帶小松鼠找到橡果吧。 難度 ★★★

39	5	23	41	39	27	25	11	44
29	15	3	43	18	20	23	40	42
19	7	11	14	16	22	21	38	9
9	27	1	12	37	24	19	36	7
35	21	8	10	35	26	17	34	5
→ 2	4	6	45	33	28	30	32	3
33	37	49	47	31	29	15	13	1

答案：

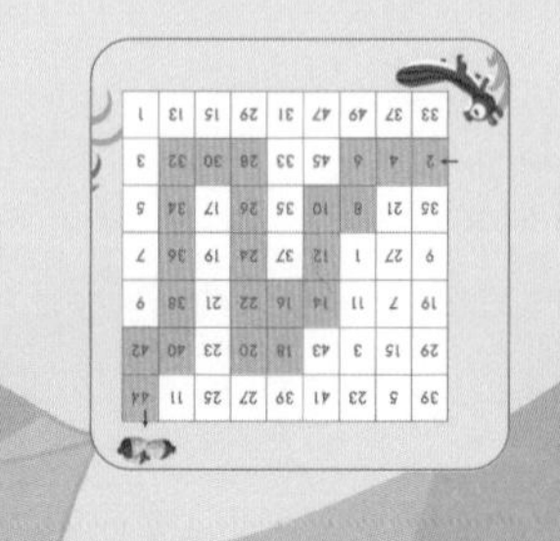

鳥巢迷宮

做得好！ 不錯啊！ 仍需加油！

小麻雀想學飛，但牠要先離開鳥巢，你可以幫幫牠嗎？請畫出正確的路線。 難度 ★★★

答案：

小猴子找香蕉

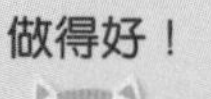

● 小猴子輝輝肚子很餓，請找出正確的路線，帶小猴子到香蕉樹吧。

難度 ★★★★

答案：

花園迷宮

做得好！ 

● 小螞蟻獨自闖花園迷宮，請帶領牠一邊收集樹葉，一邊走出迷宮。

難度 ★★★★

答案：

小熊找蜜糖

4 隻小熊分別去找蜜糖。請用 4 種不同顏色的筆分別畫出正確的路線，幫小熊各自找到蜜糖吧。 難度 ★★★★

答案：

離開博物館

小朋友們參觀完博物館後要乘校車離開了。請畫出正確的路線，帶小朋友到地面的候車處去。 難度 ★★★★

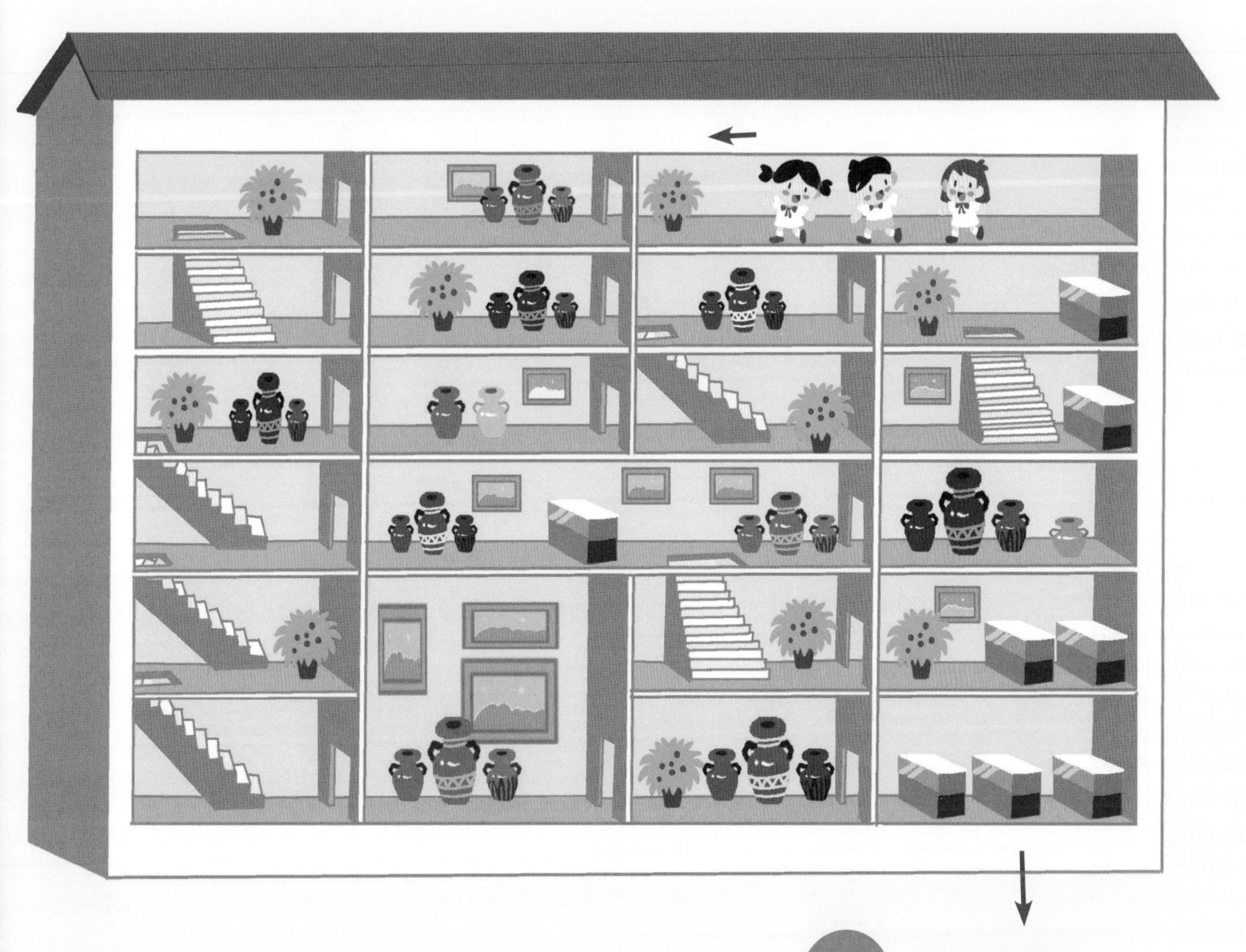

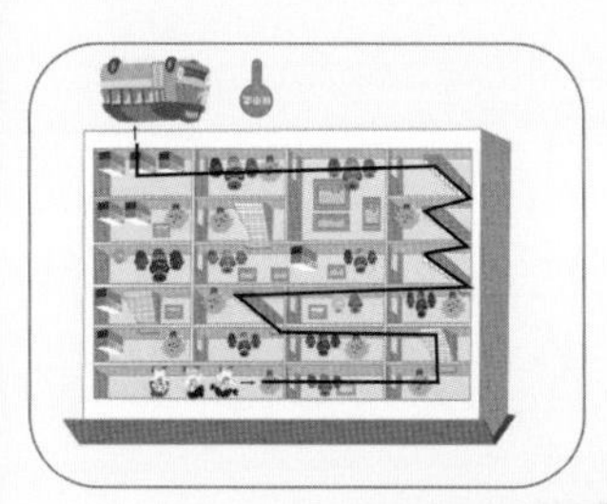

答案：

做得好！ 不錯啊！ 仍需加油！

雪地迷宮

● 小榮要沿着表示顏色的英文詞彙走才能到達終點。請畫出正確的路線，帶小榮到終點去。 難度 ★★★

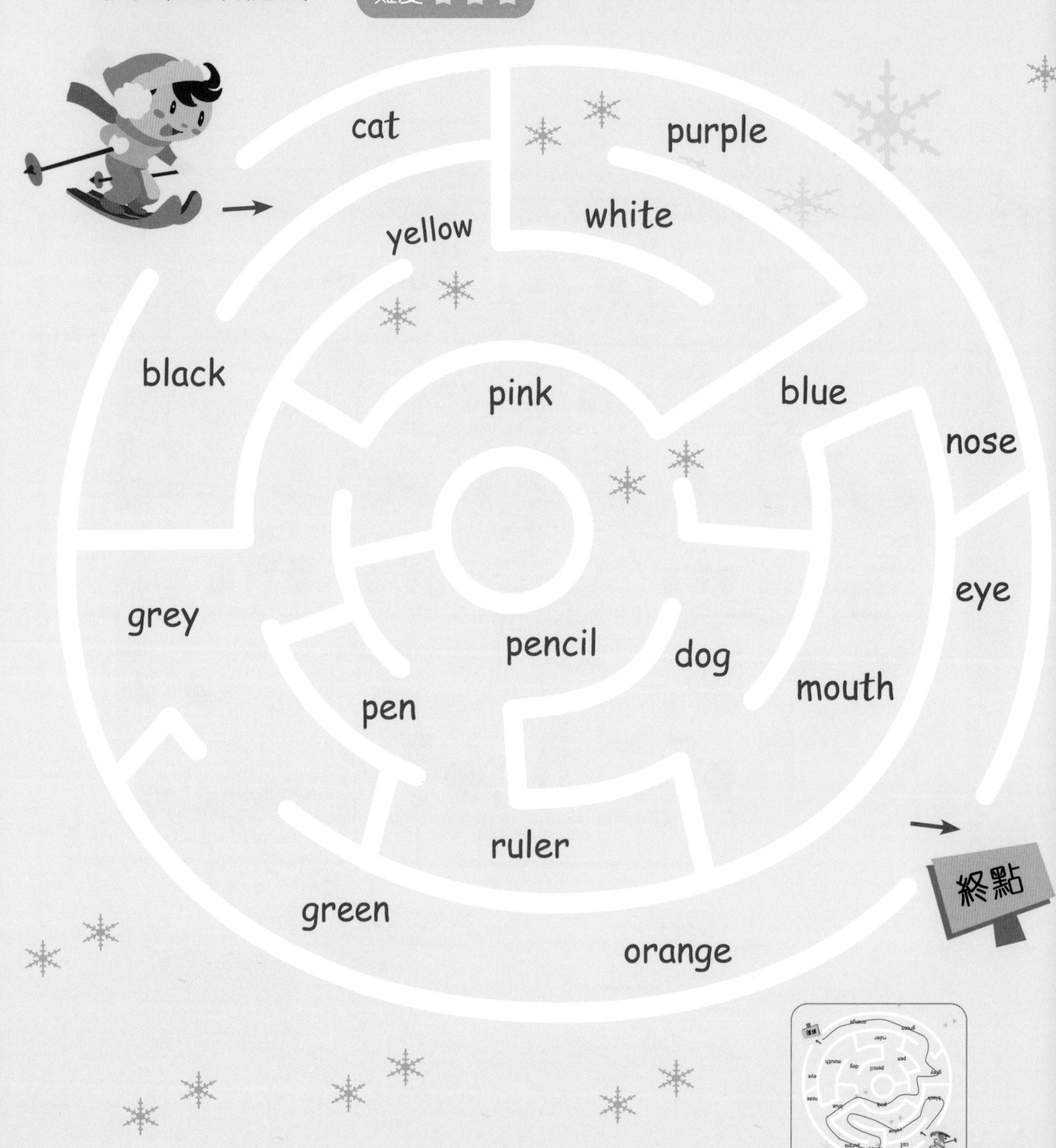

答案：

小熊找朋友

- 小兔子想到小老虎一起去森林玩，但他不知道怎樣去小老虎的家，請你幫助他找出正確的路線吧。 難度

答案：

尋找復活蛋

- 兩個小朋友分別從不同的起點去找復活蛋，但只有一個小朋友能找到復活蛋。請用兩種不同的顏色筆分別畫出他們的路線，看看誰能找到復活蛋。 難度 ★★★★

答案：

小昆蟲找食物

做得好！　不錯啊！　仍需加油！

● 4 隻小昆蟲分別從不同的起點去找食物。請用 4 種不同顏色的筆分別畫出正確的路線，帶小昆蟲找到食物吧。

難度 ★★★★

答案：

做得好！ 不錯啊！ 仍需加油！

到電影院去

小麗想去電影院看電影。請畫出正確的路線，帶小麗到電影院去吧。

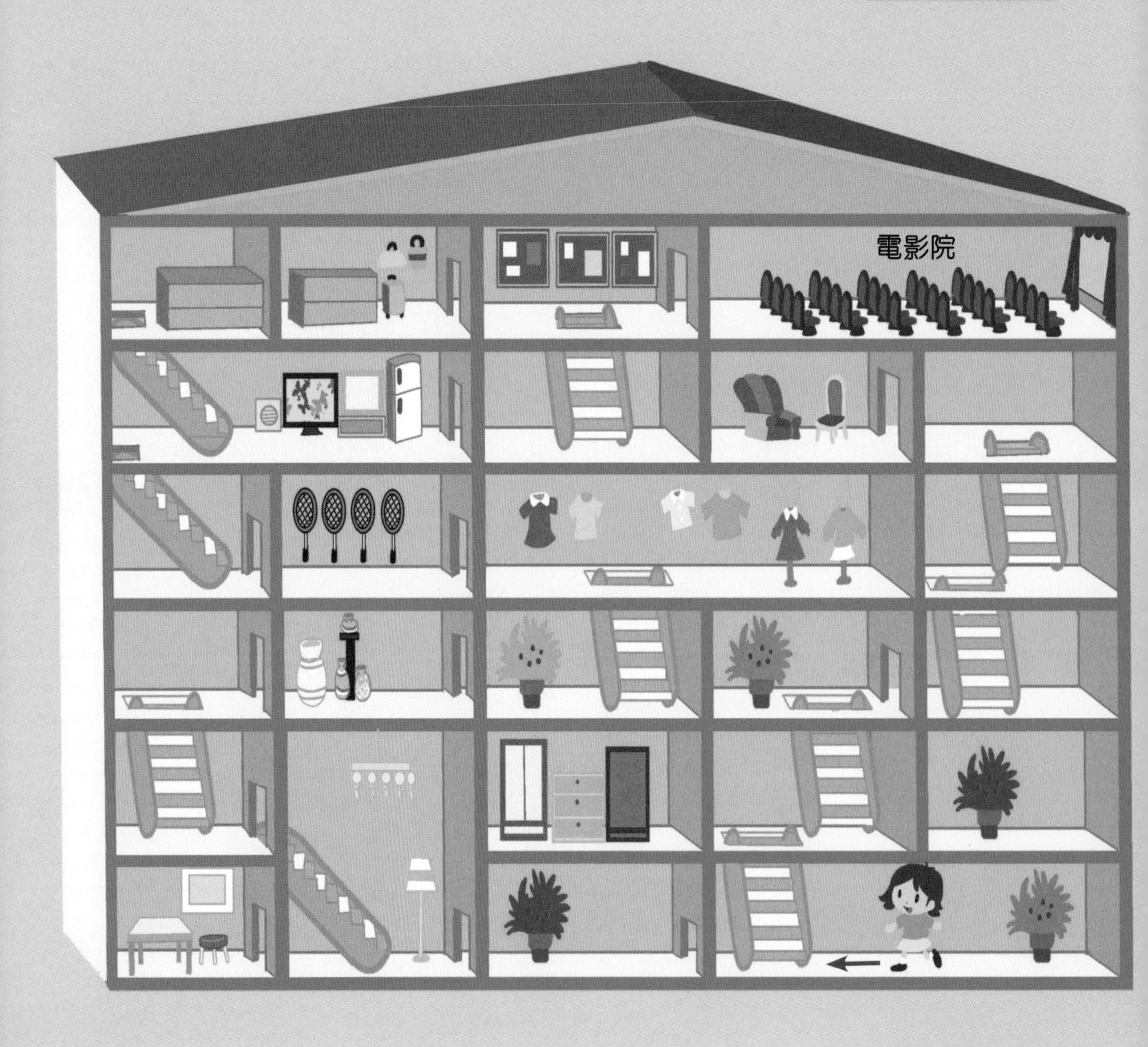

答案：